AF307145

Die Gentechnik bewundert als Methode und Verfahren der Biotechnologie und gleichzeitig verflucht? Warum verflucht? Dieses Verfahren greift gezielt in das Erbgut (Genom) ein und damit in die biochemischen Steuerungsvorgänge von Lebewesen (dazu gehören auch die Pflanzen).

Die durch Gentechnik veränderten Nutzpflanzen werden als transgene Nutzpflanzen bezeichnet. Die erste Zulassung solcher Nutzpflanzen geschah im Jahr 1996. Seitdem hat diese Technik rapide an Bedeutung gewonnen. So wurden im Jahr 2010 in 29 Ländern auf 148 Millionen Hektar, das sind ca. 10 Prozent der globalen Landwirtschaftsflächen, gentechnisch veränderte Nutzpflanzen angebaut.

Zur Erinnerung: 1ha = 10.000 m^2

Diese Nutzpflanzen sind aufgrund der gentechnischen Veränderungen resistent gegenüber Pflanzenschutzmitteln (z.B. Glyphosat) oder giftig für bestimmte Schadinsekten.

Das Saatgut aus diesen Pflanzen ist zwar teurer als „normales" Saatgut, verspricht aber höhere Erträge, Arbeitserleichterungen, Einkommens- und Gesundheitsvorteile. Auch soll die Umwelt durch Einsatz von gentechnisch veränderten Nutzpflanzen geringer belastet sein. Von wissenschaftlicher Seite aus wird eine Unbedenklichkeit für Umwelt und Gesundheit attestiert. Wobei Umweltverbände, Anbieter ökologisch erzeugter Produkte und einige politische Parteien diese grüne Technik ablehnen.

Alle wissenschaftlichen Versuche und der kommerzielle Anbau, als jede Freisetzung in die Umwelt, sind genehmigungspflichtig. Warum, wenn doch alles so unbedenklich und gut ist?

Da in der Natur unter normalen Bedingungen eine Übertragung von Erbgut in eine andere Pflanze nicht möglich ist, leitet sich grundsätzlich der Vorbehalt ab, dass von solchen „gentechnisch veränderten Organismen" (GVO) negative Wirkungen auf die Umwelt ausgehen könnten! Also doch nicht so unbedenklich?

Aus diesem Grund schreibt der Gesetzgeber immer ein Genehmigungsverfahren vor, wenn gv-Pflanzen in die Umwelt freigesetzt werden.

Die gesetzliche Grundlage dafür ist die „EU-Richtlinie über die absichtliche Freisetzung von gentechnisch veränderten Organismen in die Umwelt (2001/18)". Alle EU-Mitgliedstaaten haben sie in nationales Recht umgesetzt, in Deutschland mit dem Gentechnik-Gesetz.

Die Geschichte über Willi den Maiszünsler soll ohne viel „Fachchinesisch" erklären, wie die Grüne Gentechnik funktioniert. Zugleich möchte ich mit dieser Geschichte den Lesern einen Denkanstoß über die Anwendung der Grünen Gentechnik geben. Möge sich jeder sein eigenes Urteil bilden!

Die Natur braucht uns nicht – wir aber brauchen die Natur!
Peter von Tresckow

Dieses Buch ist meiner Frau Beate
und
meinem Sohn Dennis gewidmet.

Bevor ich von Willi dem Maiszünsler erzähle, gibt es von mir eine Einweisung in die Schädlingskunde.

Nützlinge oder Schädlinge, dass ist hier die Frage. Die Entscheidung was ein Nützling und was ein Schädling ist, trifft einzig und allein der Mensch. Was ist ein Nützling? Die Frage bezogen auf die wirbellosen Tiere, zu denen ja die Insekten zählen, wird ganz einfach so beantwortet. Die Insekten die keinen wirtschaftlichen Schaden anrichten, sondern ihn durch ihre Anwesenheit und Lebensart verhindern, werden als Nützlinge bezeichnet. Alle anderen Insekten die durch ihre Anwesenheit und Lebensart einen wirtschaftlichen Schaden anrichten, werden als Schädlinge bezeichnet.

Als Nützlinge werden meist Spinnentiere (*Arachnida*) bezeichnet, da diese ja Insekten zur Nahrung fangen. Aber fangen die Spinnentiere nur Schädlinge als Nahrung? Sicher nicht. Denn Spinnentiere können nicht entscheiden, welches Insekt der Mensch als Nützling oder Schädling bezeichnet. Auch den anderen Insekten, die ihre Artgenossen als Wirt gebrauchen, ist eine Einteilung in Nützlinge und Schädlinge wohl eher nicht bekannt.

Bienen und Hummeln, sowie andere Fluginsekten werden zu den Nützlingen gezählt. Ihr Nutzen besteht zum einen in der Bestäubung von Obstbäumen und anderen Nutzpflanzen. Nützlich, für den Menschen, ist natürlich auch die Honigproduktion der Bienen.

Nützlich sind auch die Marienkäfer. Da sie allein in ihrer Larvenzeit je nach Art bis zu 3000 Pflanzenläuse oder Spinnmilben fressen. Die meisten der Laufkäfer ernähren sich räuberisch und eine Reihe von Laufkäferarten hat sich auf bestimmte Beutetiere spezialisiert. So fressen zum Beispiel einige Laufkäferarten gerne Springschwänze, andere gerne Ameisen und deren Brut, anderen ernähren sich von Insekteneier und Larven und einige wenige Laufkäfer ernähren sich von Samen und Getreide, das sind dann wieder die Schädlinge.

Zu den vom Menschen als Nützlinge bezeichneten Insekten gehören u.a.

- Kurzflügler oder Raubkäfer (Staphylinidae)
- Weichkäfer (Cantharidae, Malacodermata)
- Ohrwürmer (Dermaptera)
- Florfliegen (Neuroptera)
- Schwebfliegen (Syrphidae)
- Raupenfliegen (Tachinidae)
- Raubwanzen (Heteroptera)
- Schlupfwespen (Ichneumonoidea)
- Gallmücken (Itonididae)
- Hornissen (Vespa)
- Biene (Apiformes)

Die Liste der Schädlinge wird vom Menschen noch etwas verfeinert. So gibt es Agraschädlinge, Forstschädlinge, Vorratsschädlinge, Holzschädlinge und Materialschädlinge.

Zu den **Agraschädlingen** zählen: Apfelwickler, Blattläuse, Fransenflügler, Kartoffelkäfer, Fruchtschalenwickler, Kirschfruchtfliegen, Maikäfer, Maiszünsler, Pflaumenwickler, Rhododendron-Zikaden, Saateulen, Schildläuse, Schwammspinner, Spinnmilben, Traubenwickler, Walnussfruchtfliegen, Himbeerkäfer, Weiße Fliegen, Reblaus.

Forstschädlinge sind: Blauer Kiefernprachtkäfer, Borkenkäfer, Eichenprachtkäfer, Eichen-Prozessionsspinner, Eichenwickler, Fichtengespinstblattwespe, Nagekäfer, Kiefernbuschhornblattwespe, Blattläuse, Kieferneule, Kiefernspanner, Fichtenblattwespe,

Nonne, Rosskastanienminiermotte, Schwammspinner, Splintholzkäfer.

Zu den **Vorratsschädlingen** gehören: Deutsche Schabe, Getreideplattkäfer, Kleidermotte, Kornkäfer, Mehlmotte.

Holzschädlinge sind: Gemeiner Holzwurm, Hausbock, Splintholzkäfer, Termiten.

Als Materialschädlinge werden die Larven der Speckkäfer bezeichnet.

Einen Schädling darf in der Aufzählung nicht fehlen, die Möhrenfliege. Die Möhrenfliege oder Karottenfliege (*Chamaepsila rosae*) ist eine Fliege aus der Familie der Nacktfliegen (*Psilidae*). Synonyme für *Chamaepsila rosae* sind *Musca rosae* (Fabricius, 1794), *Psila rosae* (Fabricius, 1794) und *Chamaepsila henngi* (Tompson & Pont, 1994). Sie tritt vor allem als Schädling in Doldenblütlern auf und ist in Karotten der wichtigste Schädling der zu Totalausfall der Ernte führen kann.

Der Mensch in der Urzeit ernährte sich von Fleisch, Fisch, Nüssen, Früchten und Samen. Möhren, Mais, Kartoffeln, Äpfel, Birnen, Hafer, Gerste und vielem mehr. Diese Pflanzen waren, so wie wir diese Pflanzen heute kennen, in der Urzeit nicht vorhanden. Erst der Mensch machte aus den entsprechenden Urpflanzen durch Züchtung das, was wir heute als Nutzpflanzen bezeichnen. Die Insekten in der Urzeit lebten schon von den Urformen der heutigen Nutzpflanzen. Ein Beispiel dafür wäre der Kartoffelkäfer, dessen ursprüngliche Nahrungspflanze der Stachel-Nachtschatten (*Solanum rostratum*) war, die wie die Kartoffelpflanze zur Familie der Nachtschattengewächse gehört. Diese Urformen der Nutzpflanzen dienten zur Ernährung der Insekten und zur Nahrung für die Nachkommen. Also zur Arterhaltung. Das hat sich in Millionen von Jahren nicht geändert. Das der Mensch die Urpflanzen durch Züchtung für sich nutzbar machte, ist eine große Leistung, denn der Mensch will auch seine Art erhalten und dazu benötigt er ebenfalls Nahrung. Heute im 21. Jahrhundert mehr denn je.

In der frühen Landwirtschaft wurde der überwiegende Teil der Schädlinge ab gesammelt, bzw. mit einfachen Mitteln wie z.B. Leimringen bekämpft. Auch Spritzungen mit Chemikalien wurden durchgeführt. Zur Bekämpfung der Reblaus setzte man um 1904 Schwefelkohlenstoff ein. Die Bodeninjektion mit Schwefelkohlenstoff war zwar eine wirksame, aber arbeitsaufwändige und teure Methode zur Bekämpfung der Reblaus. Man brachte den flüssigen, leicht verdunstenden, giftigen Schwefelkohlenstoff mit Handinjektoren in den Hauptwurzelbereich von befallenen Rebstöcken.

Einer der bekanntesten Schädlinge ist der Maikäfer, dessen frisch geschlüpfte Engerlinge vier Jahre Entwicklungszeit benötigen, bis sie durch die Metamorphose zum geschlechtsreifen Tier werden. In dieser Zeit fressen sie sich an Pflanzenwurzeln satt. Bei einer Maikäferplage im Jahre 1911 wurden auf einer Fläche von etwa 1800 Hektar rund 22 Millionen Käfer gesammelt. Viele dieser gesammelten Maikäfer dienten als Hühnerfutter, wurden in der Schweinemast verfüttert und einige wanderten geröstet in den Kochtopf und wurden zu Suppe verarbeitet. Zur Bekämpfung der Maikäferengerlinge wurde empfohlen mit Schwefelkohlenstoff gefüllte Gelatinekapseln in die Erde einzubringen. Durch die massive Bekämpfung der Maikäfer mit dem inzwischen verbotenen Insektizid DDT zwischen Anfang der 1950er Jahre bis etwa 1972 ist seine Population stark zurückgegangen.

Ein Insekt was auch große Schäden anrichtet ist der Kartoffelkäfer. Die Kartoffelkäfer können innerhalb kurzer Zeit ganze Felder kahl fressen. In Europa wurde der Kartoffelkäfer erstmals 1877 gesichtet. In Deutschland sind die ersten Funde ebenfalls für 1877 belegt. 1887 und 1914 traten größere Befallsherde in Europa auf. 1922 vernichtete der Käfer 250 km² Kartoffelbestände in Frankreich. Da der Kartoffelkäfer keine natürlichen Fressfeinde hat und jedes Weibchen ca. 1200 Eier ablegt und dies manchmal in zwei Generationen pro Jahr geschieht, kann sich wohl jeder vorstellen, dass von den Kartoffelpflanzen, ohne Bekämpfung der Käfer, nicht mehr viel übrig bleibt. Durch den, ich möchte behaupten, unüberlegten Einsatz von vielen chemischen Mittel hat der Kartoffelkäfer Resistenzen gegenüber diesen Mitteln entwickelt und ist immer schwerer zu bekämpfen.

Im Wald wüten andere Schädlinge, die Borkenkäfer. Ein noch nicht ausgeflogener Käferschwarm kann aus tausenden Exemplaren bestehen. 50.000 bis 100.000 Männchen und Weibchen an einer mittelgroßen Fichte sind durchaus nicht unrealistisch und keiner der natürlichen Feinde der Borkenkäfer kann bei einer Massenvermehrung die Population der Borkenkäfer wesentlich verringern. Neben den natürlichen Fichtenwäldern hat der Mensch mit ausgedehnten Fichtenreinbeständen optimale Borkenkäferbiotope geschaffen. Hier können sich bei klimatischen Extremen, wie lange Hitze- oder Trockenperioden, Winter mit viel Schneebruchholz, die Borkenkäfer explosionsartig vermehren.

Im Jahre 1949 wurde in einer Erhebung festgehalten, das die deutsche Wirtschaft durch das Zerstörungswerk der tierischen Schädlinge jährlich Riesensummen verliert.

100 Millionen RM (Reichsmark), an Getreide durch den Kornkäfer,
100 Millionen RM, an Obst durch die Obstmade,
20 Millionen RM, an Wein durch verschiedene Weinbauschädlinge,
50 Millionen RM, an Bauholz durch verschiedene Holzzerstörer,
100 Millionen RM, an Milch, Fleisch und Häute durch die Dasselfliege,

dazu kommen noch viele andere Schädlinge, so dass insgesamt ein Verlust von jährlich über 620 Millionen Reichsmark entstand. Gleichzeitig wird die Frage gestellt, ob sich ein Volk dies leisten kann? Anschließend kommt der Warnhinweis:

Jeder, der sie (die Schädlinge) in seinem Besitztum ungestört fressen lässt, schädigt nicht nur sich selbst, sondern das ganze Volk, indem er eine Verminderung des Volksvermögen zulässt und den Schädlingen eine Brutstätte gewährt, von der aus sie sich über das Eigentum der Nachbarn verbreiten können.

Die Entdeckung der insektentötenden Wirkung verschiedener synthetischer Stoffe führte zu einer Umwälzung der gesamten Schädlingsbekämpfung.

So wird beschrieben, dass wenn die Insekten nur mit ganz geringen Spuren dieser Präparate in Berührung kommen, sie abgetötet werden. Es sind die Spritz- und Stäubemittel mit Dichlor-diphenyl-trichlormethan (=DDT), Hexachlorcyclohexan (=Hexa) oder Polyphosphorsäure-Verbindungen als Grundlage. Gegenüber vielen alten Bekämpfungsmittel haben die DDT- und Hexastoffe den Vorteil fast vollständiger Ungiftigkeit für den Menschen und die Haustiere.

So, wie oben beschrieben, wurden wirklich Mittel wie DDT und Hexa vorgestellt, bzw. angepriesen. Die chemische Keule war geboren.

Werbung für Schädlingsbekämpfung

Fliegenbekämpfung

Prospekt für Schädlingsbekämpfung

Was nützt mir ein schöner Garten...

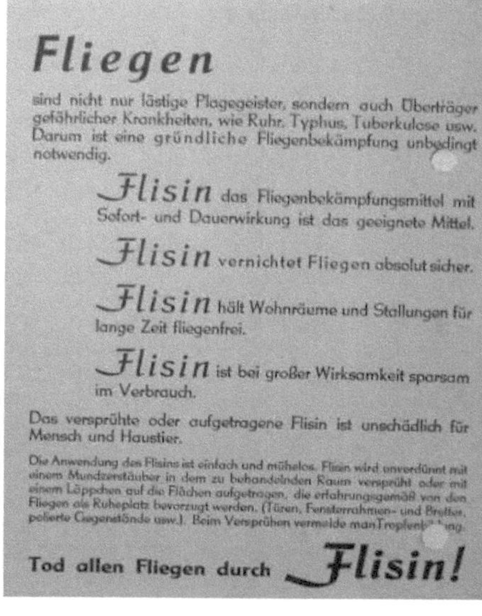

Gegen Blattläuse und gegen Schädlinge im Erdboden	**Tod allen Fliegen!**

Von geringen Spuren konnte irgendwann wohl nicht mehr gesprochen werden. DDT als fast vollständig ungiftig für den Menschen und die Haustiere zu beschreiben ist kaum zu glauben. Gab es damals noch keine toxikologischen Untersuchungen?

Giftig Umweltgefährlich

GHS-Gefahrstoffkennzeichnung für DDT	**EU-Gefahrstoffkennzeichnung für DDT**

Hier ein paar Fakten über den Einsatz von DDT als Schädlingsbekämpfungsmittel. Es war sicher das einfache Herstellungsverfahren und die gute Wirksamkeit gegen Insekten, dass DDT so erfolgreich machte. Die (geglaubte?) geringe Giftigkeit für Säugetiere machte DDT jahrzehntelang weltweit zum meistverwendeten Insektizid. Was wohl zu der Zeit keiner wusste (ich zweifle dies zwar an) war die Tatsache, dass DDT chemisch sehr stabil ist und eine gute Fettlöslichkeit aufweist und es sich dadurch im Gewebe von Menschen und Tieren, die am Ende der Nahrungskette stehen, anreichert.

Was natürlich fatale Folgen hatte, bzw. hat, da trotz eines weltweiten Verbots von DDT im Jahre 2004 durch die Stockholmer Konvention DDT noch immer in Länder wie Indien, Nordkorea und wahrscheinlich auch in anderen Ländern auf der Welt als Insektizid weiter eingesetzt wird. Da einige Abbauprodukte von DDT im Körper eine hormonähnliche Wirkung zeigen und DDT unter dem Verdacht steht beim Menschen Krebs auszulösen ist die weitere Verwendung von DDT ein Verbrechen an Mensch und Natur.

Auch vor 2004 gab es genügend Hinweise auf die Gefahren die von DDT ausgingen, denn das Wort Nahrungskette ist nicht erst seit 2014 im Duden zu finden. War und ist den Verantwortlichen der Gewinn, die Rendite beim Verkauf von Obst und Gemüse die mit DDT behandelt wurden wichtiger als die Natur und die Gesundheit der Menschen? Ich kann mir einfach nicht vorstellen, dass kein Mensch wusste, dass Insekten von vielen Tieren als Nahrung gebraucht werden. Vögel, Frösche, Fische und andere Tiere fressen Insekten. Menschen essen Fische, Störche fressen Frösche (wenn noch vorhanden), aber wahrscheinlich war doch der Wirtschaftsfaktor ausschlaggebend das DDT über Jahrzehnte eingesetzt wurde.

Die Produktionszahlen von DDT sind nicht in allen Ländern durchgängig erhoben und veröffentlicht worden. Die USA waren lange Zeit der Hauptproduzent von DDT, dort wurden 1960 74.600 Tonnen hergestellt. 1970 waren es noch 26.900 Tonnen. Aus der Bundesrepublik sind nur die Produktionsdaten für 1965 bekannt, damals war sie mit 30.000 Tonnen der zweitgrößte DDT-Hersteller der Welt. In der damaligen UdSSR wurden in der zweiten Hälfte der 1960er-Jahre zwischen 15.000 und 25.000 Tonnen pro Jahr produziert, in Italien waren es 10.000 Tonnen jährlich. In den Staaten der EU wurden 1981 noch ca. 9.500 Tonnen hergestellt. Für 2005 wurde die Weltjahresproduktion von DDT auf 6269 Tonnen Wirkstoff geschätzt, die sich auf Indien (4250 Tonnen) und China aufteilen. Es wird vermutet, dass auch in Nordkorea etwa 300 Tonnen hergestellt wurden.

Heute werden andere Insektizide verwendet, deren Langzeitwirkung auf die Gesundheit des Menschen und der Erhaltung der Natur nicht vollständig bekannt sind. Auch die Gentechnik ist nicht das non plus Ultra bei der Bekämpfung von Schadinsekten. Auch hier gab es schon Zwischenfälle. Insekten, die sich von Blütenpollen ernährt haben, wurden von Vögeln gefressen, die dann einfach tot vom Himmel fielen. Was war passiert? Durch die gentechnisch manipulierten Pflanzen hatten sich auch die Pollen verändert. Während die Pollen im Darmkanal der Insekten keinen Schaden anrichteten, konnten die Vögel die durch den Insektenfraß aufgenommenen Pollen nicht im Darm verarbeiten und starben.

So, genug der (langen) Vorrede, jetzt erzähle ich die Geschichte von Willi.

Willi gehört taxonomisch zur Familie der Crambidae, auch Rüsselzünsler genannt. Diese Rüsselzünsler sind Kleinschmetterlinge. Sie sind zwar nicht so schön bunt wie andere Schmetterlinge, aber immerhin mit einer schönen hellgelben, cremefarbigen bis ziegelroten Färbung bei den Weibchen und einer gelblich braunen, graubraunen bis grauen Färbung bei den Männchen recht hübsch anzusehen. Zumal immer zwei Querlinien die Flügel zieren. Die Weibchen sind etwas größer als die Männchen, aber nur etwas. Der ursprüngliche Lebensraum ist das gemäßigte Europa und Willi wird, wenn er dann erwachsen ist in der Nacht aktiv sein. Aber soweit ist Willi noch nicht.

Willi ist noch nicht erwachsen. Er ist noch kein fertiges Insekt (Imago), denn er ist noch im Larvenstadium und hat aus diesem Grunde auch einen Riesenhunger zum Ärger der Landwirte. Übrigens bezeichnen die meisten Menschen diese Art von Larvenform als Raupe. Das nur nebenbei.

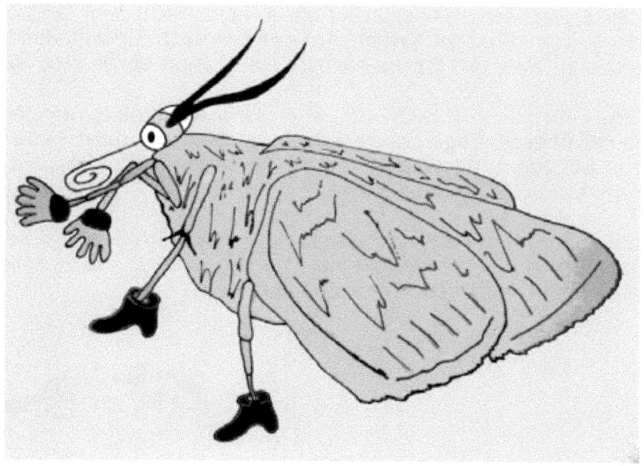

Mama Maiszünsler

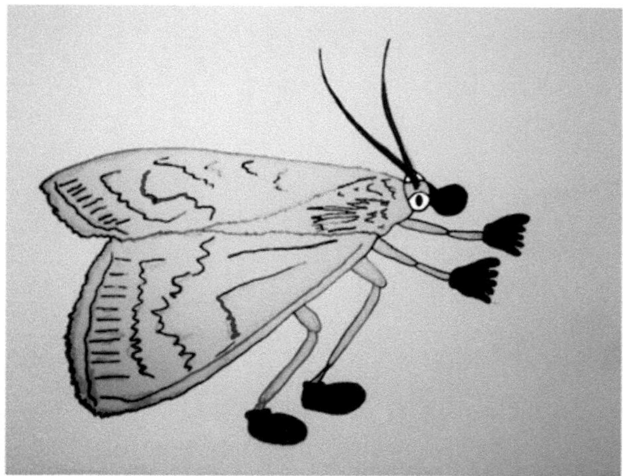

Papa Maiszünsler

Willi hat zwischen 400 und 600 Geschwister, denn seine Mutter hat viele Eier gelegt, immer in kleinen Gruppen von 10 bis 40 Eiern. Bei dieser großen Anzahl von Geschwistern kommt es auf ein paar mehr oder ein paar weniger nicht an. Es müssen so viele sein, da es in der Natur genug andere Lebewesen gibt, die sich von Insektenlarven ernähren und schließlich soll ja die Art Maiszünsler erhalten bleiben.

Willi kennt seine Geschwister natürlich nicht alle, vielleicht nur die, die mit ihm im gleichen Eihaufen abgelegt wurden und mit ihm geschlüpft sind. Ihm geht es in erster Linie nur um sein eigenes Wohl.

Das Lebensalter als Erwachsener Maiszünsler ist übrigens nicht sehr lang, sie beträgt nur 18 bis 24 Tage. In diesen 18 bis 24 Tagen wird es dann auch für Willi das Wichtigste sein sich ein Weibchen zu suchen, um für die nächste Generation Sorge zu tragen.

Gut, 18 bis 24 Tage Lebenszeit ist nicht viel, aber dafür ist seine Larvenzeit, also die Kindheit von Willi mit über 50 Tagen doch recht lang. Die Larvenzeit variiert beträchtlich und ist vom Wetter abhängig. Besonders von der Temperatur. Kurz gesagt je kälter es ist, umso länger dauert die Entwicklungszeit.

Abgelegt werden die Eier im Verlauf des Spätsommers auf die Blattunterseite einer Pflanze, da sind die Eier vor Regen und zu viel Sonne geschützt. Nach 7 bis 14 Tagen schlüpfen Willi und seine Geschwister dann aus den Eiern.

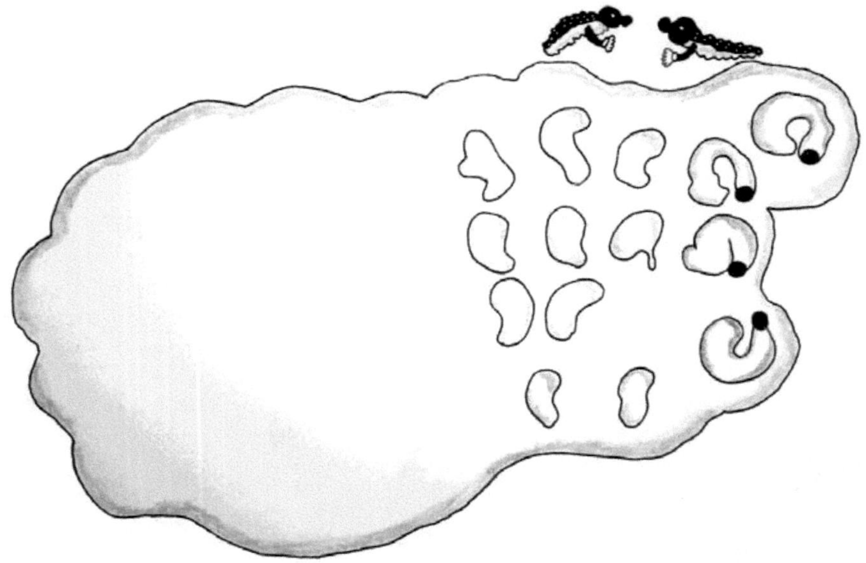

Willi ist geschlüpft (*im Bild rechts oben*)

Der Eihaufen aus dem Willi geschlüpft ist, wurde von seiner Mama am Blatt einer Maispflanze abgelegt. Andere Eihaufen hat seine Mama gut in der Botanik verteilt. Auf ungefähr 20 Pflanzenarten wurden die Eihaufen abgelegt. Vieles steht auf dem Speiseplan. Echter Hopfen, Kartoffeln, Tomaten, Paprika, Fenchel, Hirse, Hanf, Rüben, Buchweizen, Echter Sellerie und Beifuß. Fast nichts wird ausgelassen. Der Maiszünsler als pflanzlicher Allesfresser und Gourmet!

DAS ist **Willi** im Larvenstadium...

...und das ist das Maisfeld in dem Willi lebt.

Als sich Willi auf den Weg, von der Blattunterseite der Maispflanze, in das Innere des Maisstängels begibt, bekommt er Angst. Angst davor, dass seine Mutter den Eihaufen den er entschlüpft ist auf eine sogenannte Bt-Maispflanze abgelegt hat. Willi wurden zwei Warnungen mit auf seinen Lebensweg gegeben. Einmal die Warnung vor dem Bt-Mais und einmal die Warnung vor der Schlupfwespe mit dem Namen *Trichogramma brassicae*.

Denn diese Schlupfwespe legt ihre Eier bevorzugt in den Larven des Maiszünslers ab und sorgt damit für ihre eigenen Nachkommen, was für Willi das Ende bedeuten würde. Willi macht sich also ganz schnell auf den Weg in das Stängelinnere der Maispflanze und damit ist die erste Gefahr abgewendet.

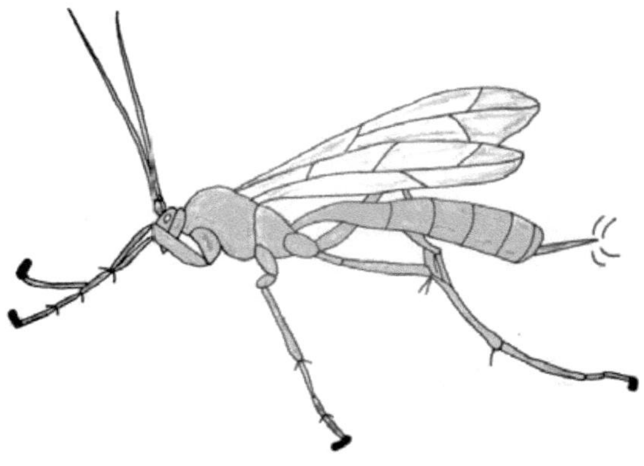

Schlupfi die Schlupfwespe

Aber was ist mit seiner Angst vor dem Bt-Mais. Ist es der Stängel einer Bt-Maispflanze in der er sich befindet, dann ist das Fressen an dieser Pflanze für Willi tödlich. Was soll Willi machen? Er entschließt sich eine ganz kleine Menge von dem Mark des Stängels zu fressen und wartet eine lange Zeit ob ihm übel wird.

Nichts passiert und Willi hat Glück. Es ist kein Bt-Mais oder Willi kommt aus einer Maiszünslerfamilie die eine Res stenz gegen den Bt-Mais entwickelt hat.

Wir lassen Willi nun in Ruhe fressen und wenden uns dem Thema transgener Mais zu.

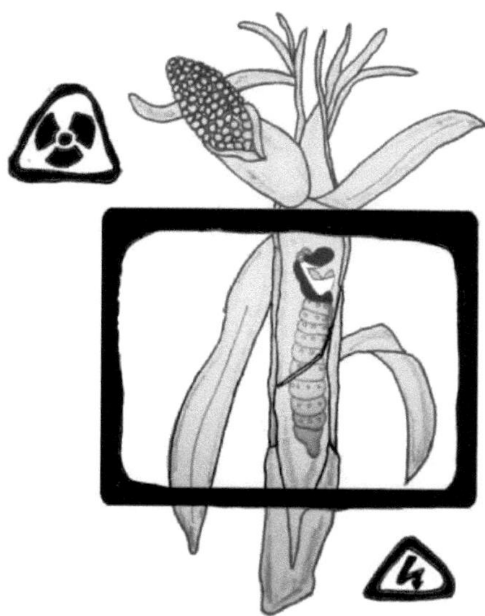

Als Transgener Mais (Genmais, Gv-Mais) wird gentechnisch veränderter Mais bezeichnet. Bei transgenen Maissorten werden bestimmte Gene aus anderen Organismen in das Mais-Genom (Erbgut eines Lebewesens) eingeschleust, mit dem Ziel bei Bt-Mais die Bekämpfung von Schadinsekten zu verbessern.

Am Beispiel einer gentechnisch veränderten Maissorte, mit dem man versucht den Schädling Maiszünsler zu vernichten, will ich einmal beschreiben, wie diese Gentechnik ausgeführt wird.

Der Maiszünsler gehört zu den wirtschaftlich bedeutendsten Schädlingen an Mais. Nach Schätzungen der FAO werden von den Raupen des Maiszünslers weltweit etwa 4 Prozent der jährlichen Maisernte durch befressen der Blüten und Fruchtstände, sowie des Marks der Stängel vernichtet.

FAO = Ernährungs- und Landwirtschaftsorganisation der Vereinten Nationen (englisch ***Food and Agriculture Organization of the United Nations***)

Die gentechnisch veränderte Maissorte trägt den Namen Monsanto MON 810. Um den Mais vor dem Befraß des Maiszünslers zu schützen, wird aus der DNS (Träger der Erbinformation) der Bodenbakterie *Bacillus thuringiensis* die Gensequenz herausgeschnitten, welche ein Eiweiß (Protein) erzeugt, die für den Maiszünsler giftig ist. Die Larven, die den Mais befressen gehen nun daran zu Grunde.

Bacillus thuringiensis ist ein Bakterium, das vor allem im Boden, aber auch an Pflanzen und in Insektenkadavern gefunden wird. Die von dem Bakterium produzierten so genannten Bt-Toxine entstehen während der Sporulation (Sporenbildung) der Bakterien und werden als Kristalle in den Bakterien eingelagert.

Im Darm eines Wirtsorganismus, in unserem Fall die Larve des Maiszünslers, werden diese Kristalle aufgelöst. Dabei entstehen Eiweiße (Proteine), die in den Stoffwechsel der Insektenlarve eingreifen und ihn quasi zerstören. Dadurch stirbt die Insektenlarve.

Bacillus thuringiensis wurde erstmals 1901 in Japan als Bacillus sotto und 1911 von Ernst Berliner beschrieben, der ihm den Namen *Bacillus thuringiensis* gab. In Japan fand man den Bacillus in Seidenraupen. Ernst Berliner entdeckte den Bacillus in Mehlmottenraupen. Die verschiedenen Unterarten dieses Bakterium produzieren über 200 unterschiedliche sogenannte Bt-Toxine (Gifte), die spezifisch bei bestimmten Insekten tödlich wirken.

Aber wie kommt die für den Maiszünsler schädliche Gensequenz der Bakterie in die Zellen der Maispflanze? Die Gensequenz mit den schädlichen Eigenschaften wird aus dem *Bacillus thuringiensis* isoliert („herausgeschnitten"). Die entnommene Gensequenz wird in ein anderes Bakterium eingebaut. In sogenannten Fermenter (Bioreaktor) werden diese Bakterien mit der veränderten Gensequenz unter optimalen Nährstoffbedingungen vermehrt.

Nach diesem Vorgang werden Metall-Mikropartikel mit dem veränderten Erbgut beschichtet und mittels Druckluft auf das pflanzliches Gewebe der Maispflanze gepresst. Durch diesen Vorgang werden die Zellwände durchschlagen und die Metall-Mikropartikel gelangen somit in das Innere der Pflanzenzelle. Dabei wird das veränderte Erbgut in die Pflanze eingebaut. Die so manipulierte Maispflanze verfügt jetzt über die gewünschte Eigenschaft, der sogenannten Resistenz gegenüber dem Maiszünsler. Alle Maiskörner enthalten natürlich auch dieses Erbgut, so dass nach der Aussaat jede Maispflanze das veränderte Erbgut enthält.

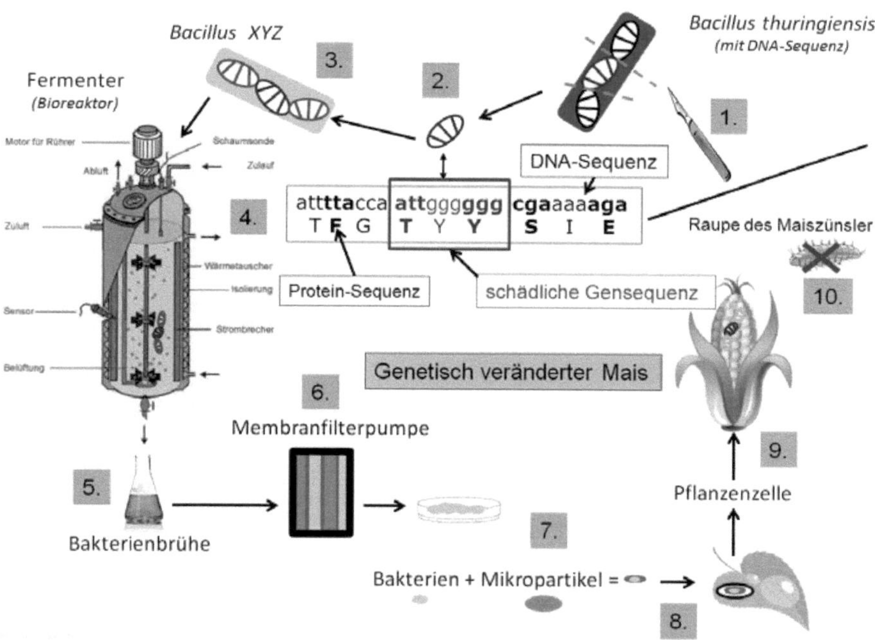

Veränderung des Erbguts mit fremden Genen

Natürlich wird auch hier behauptet, dass dieser Genmais für Mensch und Tier nicht gefährlich ist. In der Zwischenzeit fand man jedoch heraus, dass der Maiszünsler nach ca. 4 Jahren eine Resistenz gegenüber diesem Protein entwickelt und der genveränderte Mais nicht mehr die Larven tötet. Die Heilsversprechen von Konzernen wie Monsanto und Co lösen sich damit auf. Der Transgene Bt-Mais hilft kaum noch gegen Schädlinge. Schuld daran ist u.a. auch der ungezügelte Anbau von Monokulturen.

Der Maiszünsler ist eine der am häufigsten untersuchten Pflanzenschädlinge der Welt. Ursprünglich in Europa, von Südnorwegen bis hin zu den Britischen Inseln lebend, wurde der Maiszünsler durch menschliche Verschleppung kosmopolitisch (weltweit) und ist in Nordafrika, Kleinasien, Westasien bis Turkestan (Zentralasien) und in Nordamerika, wohin her zwischen 1910 und 1920 verschleppt wurde, zu finden.

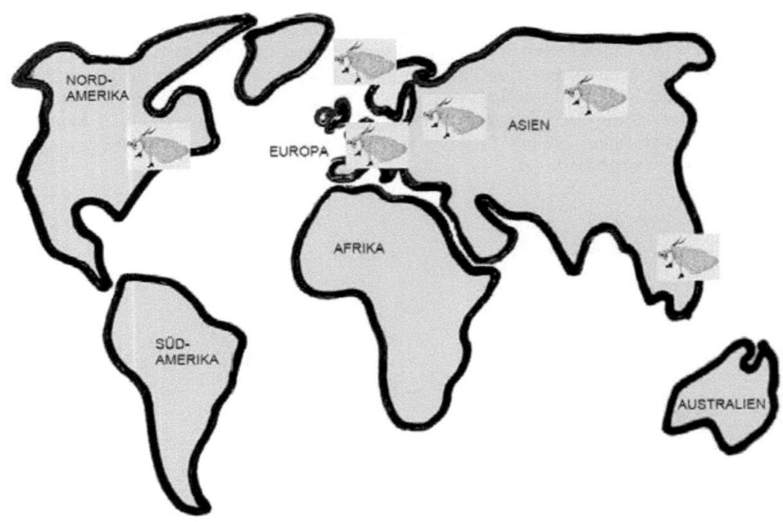

Verbreitung des Maiszünsler (*Ostrinia nubilalis*)

Die Erzeugung von ausreichender Nahrung für die Weltbevölkerung ist sehr wichtig, dass ist keine Frage, aber nicht um jeden Preis. Monokulturen, Ausrottung von Insektenarten, Gentechnik ohne Prüfung auf die Langzeitwirkung (die Betonung liegt auf Langzeit) und die Auswirkung der Gentechnik im Naturgefüge können langfristig fatale Folgen für die Menschheit haben.

Jedes Lebewesen und wenn es „nur" aus einer Zelle besteht, wird immer versuchen seine Art zu erhalten. Egal ob es der Kartoffelkäfer ist, der HIV-Virus, der Malariaerreger oder der Vogelgrippevirus. Jedes dieser Lebewesen wird durch Anpassung immer versuchen auf Angriffe gegen seine Art sich zur Wehr zu setzen, zum Beispiel durch Resistenzen o.ä. Das geht bei den niedrig entwickelten Lebewesen schneller, als bei höher entwickelten Lebewesen. Die komplexeren Lebewesen haben da mehr Probleme, die Anpassung in einer kurzen Zeit zu bewältigen. Die Zeit, wie wir wissen, ist relativ.

Nun zurück zu Willi. Willi und seine Geschwister sind fleißig am fressen. Dabei wandern sie von Maispflanze zu Maispflanze und lassen abgebrochene Maisstängel zurück. Denn durch das fehlende Mark im Stängel fehlt der Pflanze die Standfestigkeit. Dadurch wird natürlich auch die spätere Ernte erschwert. Durch das Stängelmark gelangen die Nährstoffe aus der Pflanzenwurzel in die Kolben. Ist das Mark nicht mehr vorhanden, kann dieser Vorgang nicht stattfinden und der Maiskolben bildet kaum Körner aus. Außerdem entsteht durch den Befraß von Willi und seinen Geschwistern eine erhöhte Krankheitsanfälligkeit der Maispflanze durch Befall mit Schimmelpilzen. Durch den Befall eignet sich der befallene Mais nur noch zur Biogasherstellung. Er ist für Kornertrag (Körnermais) oder Energieertrag (Futtermais) nicht mehr geeignet.

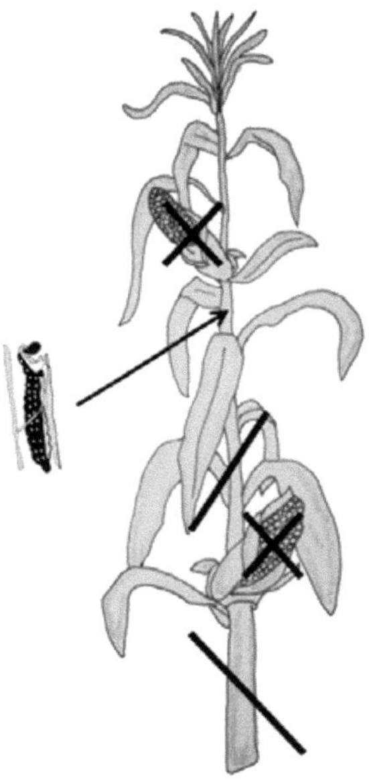

Beim Anbau von Zuckermais gibt es dann auch ein sogenanntes ästhetisches Problem. Denn die Fraßschäden am Maiskolben locken keinen Käufer in den Obst- und Gemüseladen. Äpfel mit Bohrlöchern vom Wurm des Apfelwicklers kauft ja auch kein Kunde.

Im Übrigen werden bei uns in der Gegend sehr viele Felder mit Mais bepflanzt, zu viele Felder! Die komplette Maispflanze wird beim Ernten gleich gehäckselt und auf leere Flächen verbracht.

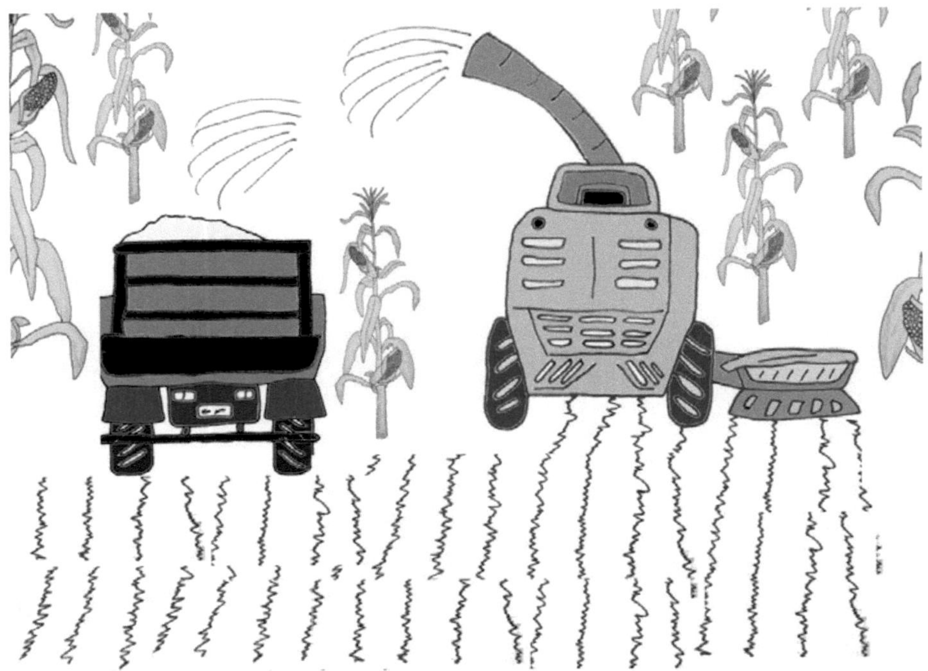

Die so entstandenen Hügel werden von Traktoren verdichtet. Anschließend wird eine schwarze Folie darüber gezogen. Das ganze dient dann als Futter für die Biogasanlage.

Nichts mit Futtermais oder Körnermais

Wenn ich überlege wie viele Menschen in der Welt hungern und aus den Maiskolben Maismehl für ihr Fladenbrot hätten machen können, um ihren Hunger zu stillen, werde ich wütend.

Das Jahr neigt sich dem Ende und Willi bereitet sich auf den Winter vor. Werden die Maispflanzen abgemäht, bleiben die Stoppeln auf dem Feld stehen. In einer dieser Stoppeln sitzt Willi und wird auch dort den Winter verbringen. Er hat Glück gehabt. Viele seiner Geschwister hatten kein Glück, denn die saßen in den abgemähten Maispflanzen und wurden zum größten Teil durch das Häckseln getötet. Die Larven, die diese Prozedur doch überlebt haben sterben spätestens beim Verdichten des Häcksels.

Das ist sicherlich für die einzelne Larve traurig, denn die Larve hätte wahrscheinlich gerne weiter gelebt und eine Familie mit sehr vielen Kindern gegründet. Für die Art selbst spielt der Verlust der vielen Larven keine große Rolle. Denn die Natur hat, wie auch immer es so eingerichtet, das Arten die viele Feinde haben, seien es natürliche Feinde oder der Mensch mit seiner chemischen Keule, eine sehr große Anzahl an Nachkommen hervorbringt, damit die Art erhalten bleibt. Nochmals zur Erinnerung **ein** Maiszünsler **Weibchen** legt **400 bis 600 Eier**!

Ich finde das faszinierend, auch wenn es sich bei den Maiszünslern um Schädlinge handelt. Wobei, das mit dem Schädling behauptet der Mensch. Viele Vögel sehen das ganz anders mit dem Schädling. Sie freuen sich über viele Larven, denn diese Larven werden für die Aufzucht der Vogelbrut dringend benötigt. Denn nur ein sehr geringer Teil der Vögel können ihre Brut mit Körnerfutter aufziehen.

In der Zwischenzeit ist es Frühjahr geworden und Willi hat den Winter in seiner Maisstoppel gut überstanden, denn zu seinem Glück sind die Winter hier in Deutschland nicht mehr so hart wie früher. Er bildet aus feinen Fäden einen lockeren Kokon und verpuppt sich.

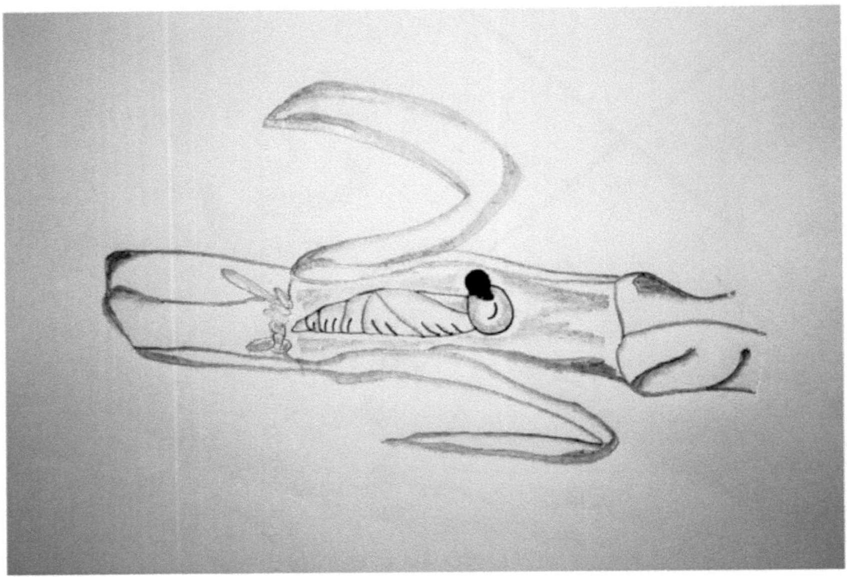

In dieser Puppe bleibt Willi ungefähr 12 Tage. Dann schlüpft er und ist jetzt erwachsen. Willi ist ein fertiger Maiszünsler. Jetzt hat er 18 bis 24 Tage Zeit sich ein Weibchen zu suchen, um seine Familie zu gründen. Viel Glück Willi und vielen Dank, das ich Deine Lebensgeschichte erzählen durfte.

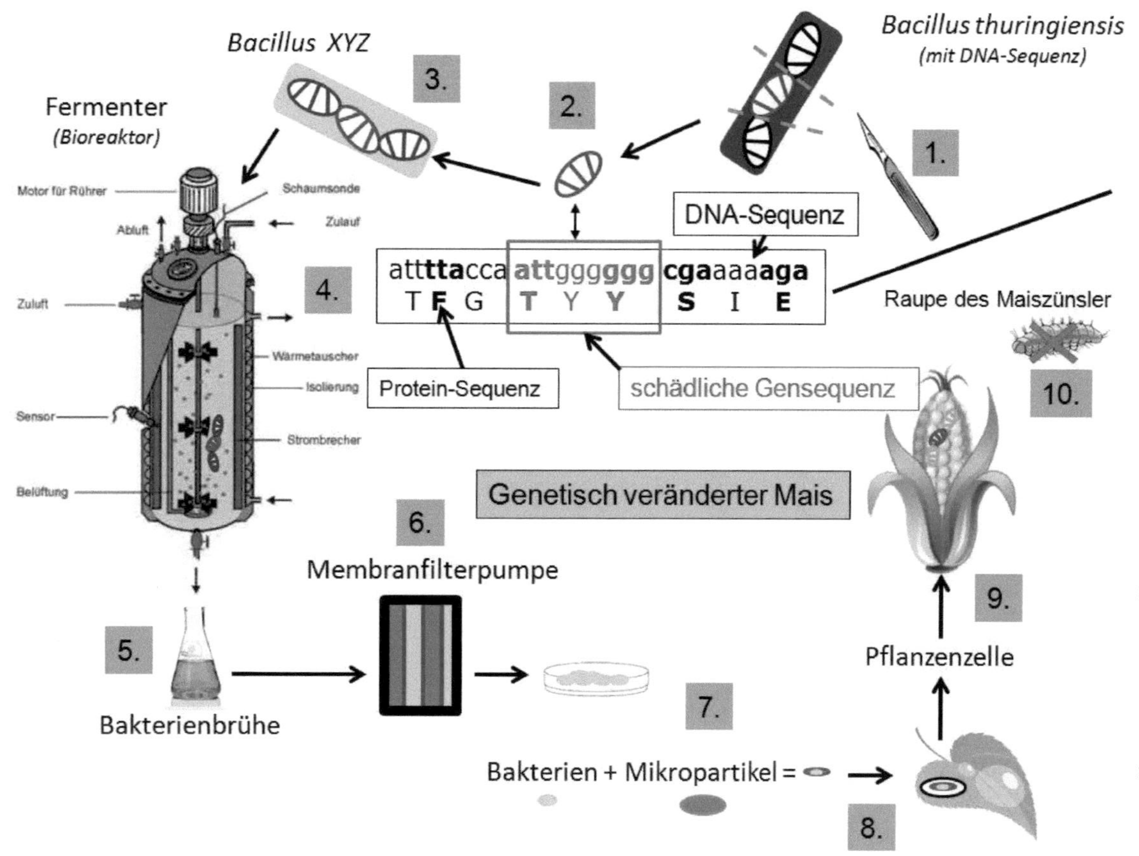

Bacillus XYZ
Bacillus thuringiensis
(mit DNA-Sequenz)
3.
2.
1.
Fermenter
(Bioreaktor)
Motor für Rührer
Schaumsonde
Abluft
Zulauf
Zuluft
Wärmetauscher
Isolierung
Sensor
Strombrecher
Belüftung
DNA-Sequenz
attttacca attgggggg cgaaaaaga
T F G   T Y Y   S I E
4.
Protein-Sequenz
schädliche Gensequenz
Raupe des Maiszünsler
10.
Genetisch veränderter Mais
6.
Membranfilterpumpe
9.
5.
Pflanzenzelle
Bakterienbrühe
7.
Bakterien + Mikropartikel =
8.

Folgende Bücher sind von mir erschienen und im Buchhandel erhältlich

FASZINATION INSEKTENWELT

Käfer und Co durch die Linse betrachtet

Als Hardcover gebunden und gedruckt auf hochwertigem Papier. Ausgabe im A5 Format, 460 Seiten, mit 849 meist farbigen Bildern, Fotos und Zeichnungen.

ISBN: 978-3-7357-4283-4

E-Book ISBN: 978-3-7357-6785-1

INSEKTENKUNDE

Entomologie

Als Taschenbuch gedruckt auf hochwertigem Papier. Ausgabe im A5 Format, 400 Seiten, mit 772 schwarz/weiß Bildern, Fotos und Zeichnungen.

ISBN: 978-3-7412-8985-9

**Alles Bücher sind beim Verlag
BoD - Books on Demand, Norderstedt
erschienen**

Siehe auch : **www.meine-buchvorstellung.com**

Alle Zeichnungen sind von mir (Detlef Schmidt)

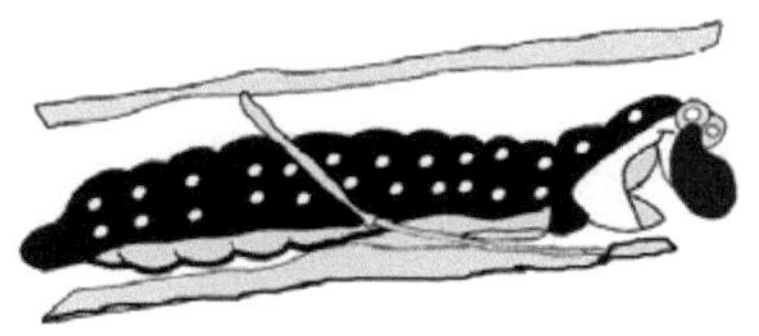

Bibliografische Information der Deutschen Nationalbibliothek:
Die Deutsche Nationalbibliothek verzeichnet diese Publikation
in der Deutschen Nationalbibliografie; detaillierte bibliografische
Daten sind im Internet über http://dnb.dnb.de abrufbar.

© 2016 Detlef Schmidt

Herstellung und Verlag:
BoD – Books on Demand, Norderstedt
ISBN: 9783743115026